跟"老小孩"轻松学智能手机

编著　吴含章
技术支持　上海科技助老服务中心

上海科学普及出版社

跟"老小孩"轻松学智能手机

编著　吴含章
编委　郑佳佳　陈伟如
　　　　林大理　钱宝祥
　　　　刘千娟
美编　陈梦清

图书在版编目（CIP）数据

跟"老小孩"轻松学智能手机 / 吴含章编著. -- 上海：上海科学普及出版社，2016.1
ISBN 978-7-5427-6671-7

Ⅰ. ①跟… Ⅱ. ①吴… Ⅲ. ①移动电话机－中老年读物 Ⅳ. ①TN929.53-49

中国版本图书馆CIP数据核字(2016)第019454号

组　　稿　胡名正
责任编辑　刘湘雯　张怡纳

跟"老小孩"轻松学智能手机

编著　吴含章

上海科学普及出版社出版发行

（上海中山北路832号　邮政编码　200070）

http://www.pspsh.com

各地新华书店经销	上海新艺印刷有限公司印刷
开本 889×1194　1/16	印张 4　字数 120 000
2016年1月第1版	2016年1月第1次印刷

ISBN　978-7-5427-6671-7　　　　　　　定价：25.00元

致读者

我今年94岁了,一直闲不下来,怕自己闲下来了就真的老了。前段时间别人送我一个智能手机,但就是不会用,感觉自己有点笨。直到跟着"老小孩"的志愿者一步步学习,我还真的就入门了,挺开心的。我想,连我这么个老太太都能学会,大家只要跟着学,就一定能成功。我们虽然老了,但还是应该跟上时代,否则就要被淘汰,就不敢出门了。

—— 秦怡

编者的话

15年前由老小孩网（www.oldkids.cn）发起的那场席卷上海的"扶老上网"工程帮助了10万老年人学会上网、500余名"扶老上网"志愿者活跃在社区、百余家网吧加盟"扶老上网"基地、30余万老年人申请了"老小孩"宽带套餐……

光阴荏苒，转眼间15年过去了，如今智能手机已经普及，为了跟上时代脚步，方便彼此沟通，老年人主动要求学习的愿望非常强烈。据老小孩网对社区居民的调研，95%以上的老年人知道智能手机和微信等的应用，80%以上的老年人有学习的需求，但是对新事务的恐惧和自身条件的限制（如：没有智能手机，没有网络等），有相当大一部分老年人对智能手机有学习和使用障碍。

然而，目前供中老年人学习智能手机的教程如15年前的电脑教材一样匮乏，老年人只会一些简单的操作，而不能融会贯通。因此创新老年人学习智能手机的方法，并且让老年人"学以致用"是本书的探索重点。我们选择了操作式教学法，每一步操作都图文并茂地呈现，每一节课程都能让中老年人有所获。

最后，祝愿每一位老人都能学会使用智能手机，丰富自己的生活，扩大自己的交友圈，拥有一个灿烂的晚年生活。

学会智能手机，跟老小孩一起玩

目录
CONTENT

第一章　智能手机基本操作----------1

第二章　聊天分享看信息----------16

第三章　常用APP简介---------------25

第四章　附录-------------------------52

第一章　智能手机基本操作

1

本章节学习要点

- 智能手机的开关机及基本操作手势
- 学会用手机打电话、发短信
- 学会用手机拍照
- 学会上网设置
- 下载/安装/卸载APP
- 了解如何安全使用智能手机

第一节 认识智能手机

智能手机:有操作系统的手机

目前最常用的手机操作系统有两种,一是"安卓"(Android)系统,二是"苹果"系统(iOS)。其中"苹果"系统仅用于苹果公司出的产品上。

开关机键

长按此键,可以开机或关机。短按此键可以休眠或唤醒屏幕。

主屏键

按此键的功能是返回主屏。在任何状态按此键都可返回到开机时的主屏幕。

返回键

按此键的功能是返回上一级菜单。反复按此键,最终可以回到主屏。

菜单键

按此键的功能是调出手机的功能菜单,可以进行网络设置、手机设置等。

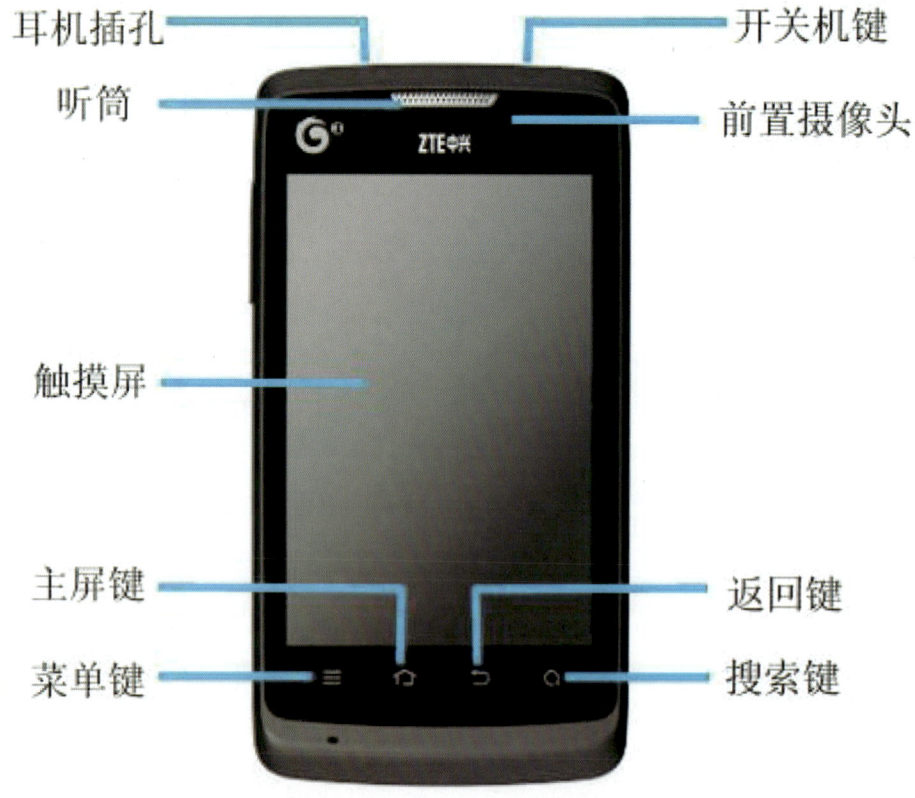

老小孩小贴士

智能手机的品牌和型号各有不同,因此其主要的按钮并不一定在同一个位置,不过这些按钮的功能大同小异。拿到智能手机后,阅读一下说明书就可以大致了解和认识你的智能手机了。

第二节 智能手机的手势操作

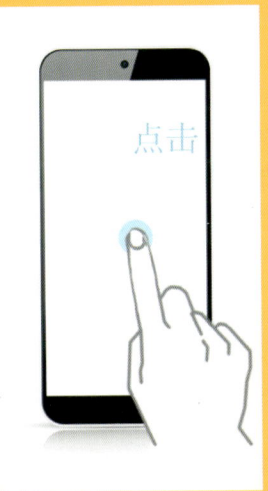

点击

"点击"即轻触屏幕一下。点击主要用来打开程序和功能表。

点住

"点住",也叫"长按"、"按住",按住目标对象超过两秒。此动作通常用来调出"菜单"。

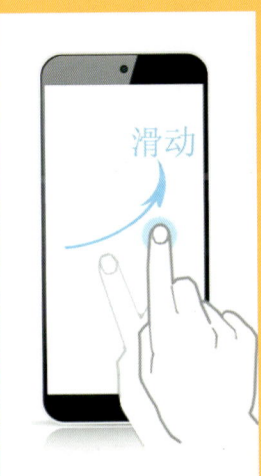

滑动

滑动是一个常用操作。主要用于查看屏幕无法完全显示的页面,功能类似鼠标的滚轮。

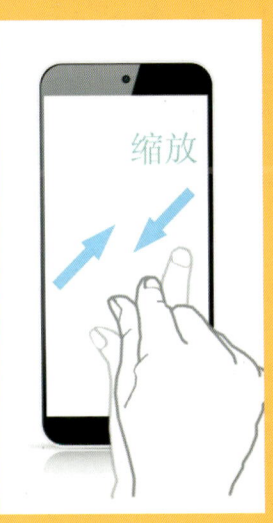

缩放

"缩放"是查看图片、网页时最常用的放大缩小操作,照相时也可使用缩放操作来进行调焦。

双击

"双击"就是短时间内连续双击两次,主要用于快速缩放,比如浏览图片时双击可以快速放大,再次双击可以复原。

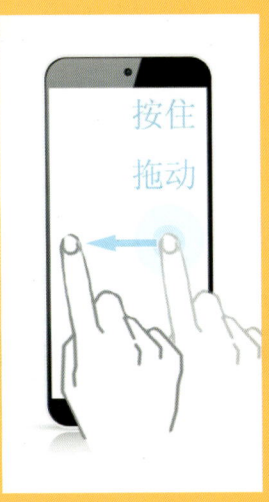

拖动

"拖动",准确来说应该叫做"按住并拖动"。"拖动"是主屏幕编辑时的常用操作,比如对桌面"图标"进行位置编辑。

第三节 拨打电话和接听电话

通话作为最基本的功能，虽然不像以前在手机使用中占主导地位，但也是不可或缺的，特别对于老年人来说，拨打电话有其不可替代的作用。

①拨打电话：点击 图标，即可进入拨号页面。

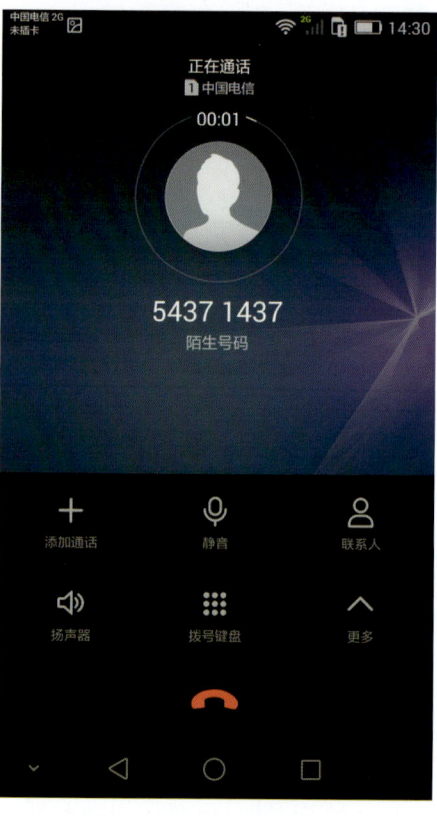

③电话拨通后，要结束通话，则点击 图标。

②点击数字键盘，输入电话号码，点击绿色"呼叫"按钮，开始拨号。

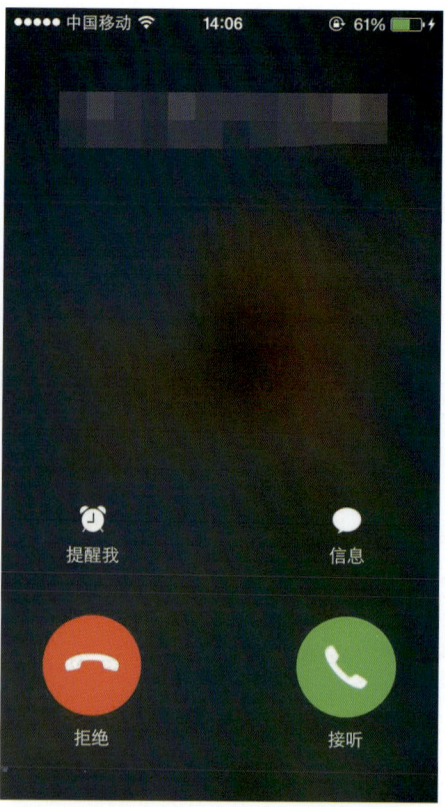

④有来电时，屏幕上会显示来电号码或者人名，此时可选择接听或拒绝。

第四节 收发短消息

ONE

TWO

THREE

① 单击主屏上的"短信"图标 💬 ，进入短信编辑页。

② 点击"写短信"按钮后，在"收信人"一栏中填入手机号（可填入多个人的手机号），或者点击图标 👤 去"联系人"中选择联系人。

③ 在"键入信息"栏中，输入需要发送的短信内容后，点击图标 ➤ ，短信发送成功。

老小孩小贴士

* **手机输入法**：一般手机中有自带的输入法，包括：手写、拼音、笔画、五笔等，选择你所熟悉的输入法。
* **短消息的字数限制**：每条短消息最多能输入63个字符，每个汉字为2个字符。如超过63个字符，短消息将分为多条发送。

第五节 用手机拍照

选择

在主屏点击"相机" 图标，进入拍照模式。

拍摄

选择"照相"或"录像"，点击大圆图标◯，即可照相或录像。

查看

在主屏点击图标或在拍照状态点击图标都可以查看手机中的照片。

老小孩小贴士

拍照小技巧

- 手持相机要稳；
- 主要拍摄对象要在取景框中；
- 轻触屏幕中的主要拍摄对象对焦；
- 按拍摄键时保持手的稳定。

（右面这张照片就是编者用手机拍摄的澳大利亚原浆啤酒。）

第六节 连接WiFi网络

小知识：WiFi是一种以无线方式互相连接的技术，家中有无线路由或者公共区域有无线接入时，手机均可以连接至WiFi上网。

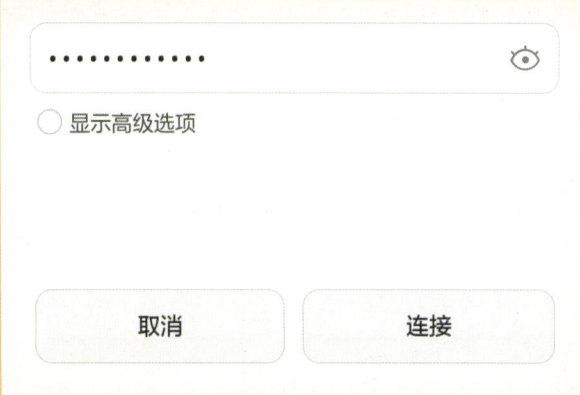

第三步：输入密码并连接

在密码框输入密码，点击连接，智能手机将连接WiFi。WiFi连接成功，手机的右上角将出现图标  。

第一步：设置

主屏找到"设置"图标 ，点击后，选择"WLAN"（红框标出）。

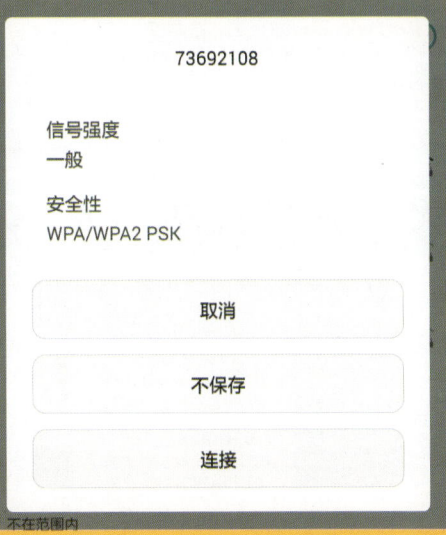

第二步：打开WLAN

滑动WLAN开关，打开WLAN，智能手机将自动搜索出所有可以连接的WiFi热点。选择已知密码或者无密码的WiFi热点，并点击连接。

连接到3G/4G网络

小知识：GPRS/3G/4G网络连接是由智能手机使用的SIM卡决定的，需要在电信运营商处办理网络服务的开通，打开3G/4G网络会产生流量，根据电信运营商不同的资费标准需要收取流量费用。如在国外，建议关闭3G/4G网络，以免产生高额的流量费用。

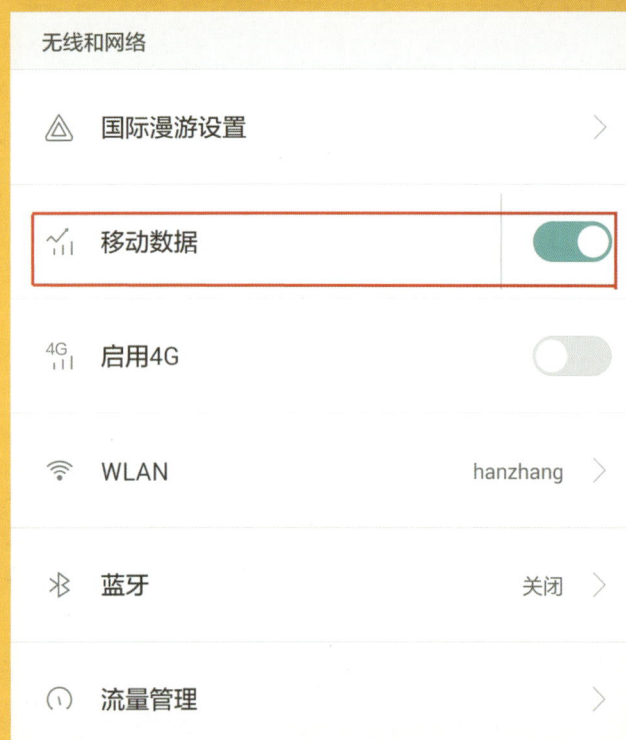

启动"移动数据"

在"设置"中选择"移动数据"，滑动按钮，打开"移动数据"，则开启了3G网络。如需开启4G网络，则滑动"启用4G"边上的按钮，打开"4G"网络。

老小孩小贴士
用智能手机上网

选择并点击手机浏览器图标：

在地址栏中输入网址，点击"前往"即可浏览网页。用缩放操作可以放大网页。

第七节　　下载、安装、卸载APP

小知识：APP指的是智能手机的第三方应用程序。比较知名的APP应用市场有苹果的App Store，安卓的"360手机助手"、"安卓市场"等。中老年人可以根据自己的爱好或需要选择自己喜欢的APP。在应用市场的分类中根据APP的排名和星级选择下载。

切记：到主流的应用市场下载APP，避免下载到病毒。

下载：

第一步，点击"360手机助手"。

第二步，查找需要下载的APP，如：老小孩。

第三步，点击下载。

安装： 下载APP后自动进入安装页面，点击"安装"按钮开始安装APP。安装APP后，下方有"完成"和"打开"按钮。按"完成"退出安装界面；按"打开"启用APP。

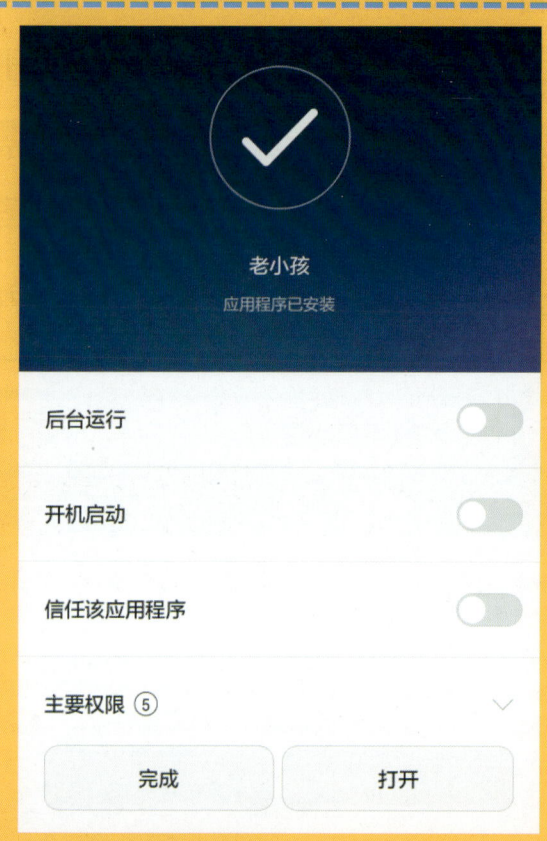

卸载：

在"360手机助手"的"管理"中点击"软件游戏卸载"，找到需要卸载的APP，点击"卸载"，进入卸载界面。再次点击"卸载"，APP就从手机中卸载了。

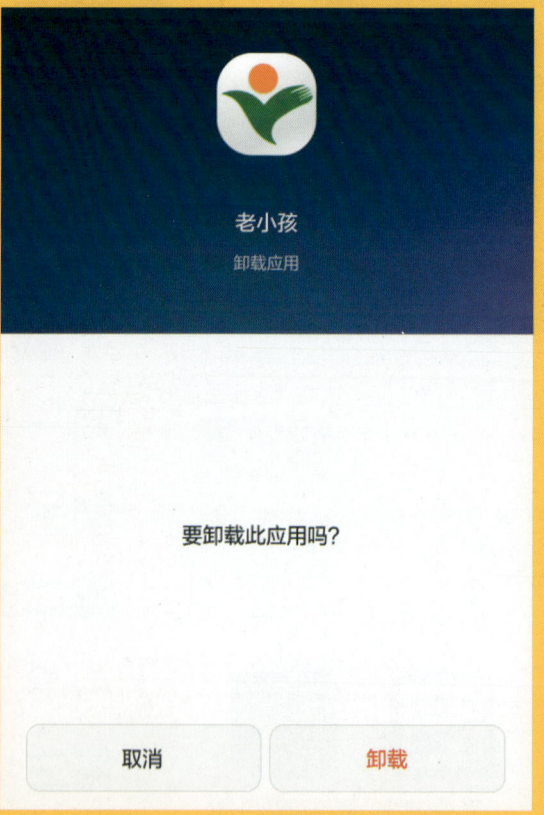

第八节　常用小工具（日历、收音机、天气）

老小孩小贴士

　　手机里有一些自带的实用工具，如：收音机、放大镜、计算器、备忘录、时钟、日历等。也可以去应用商城下载一些工具，如：指南针、计步器、手电筒等。

建议把常用的工具图标用拖动的方式集中在一个文件夹内，起名叫"实用工具"。

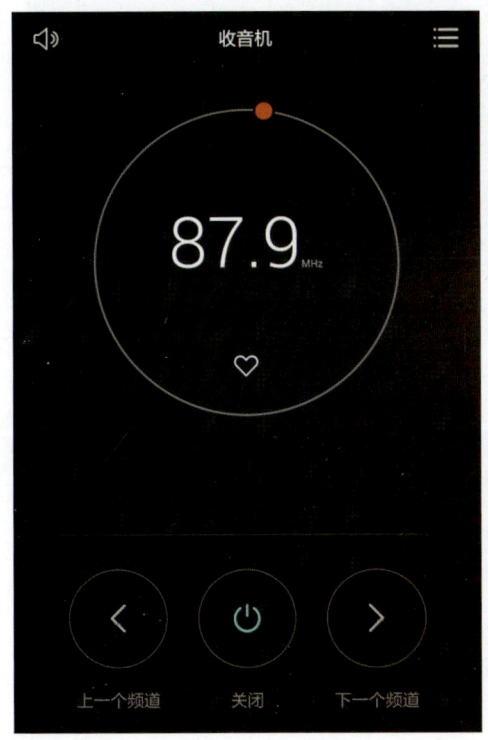

　　本页介绍的是日历、收音机和天气三个工具。点击相关图标就启动了这些工具，其中"收音机"一般需要插入耳机才能收听广播。

常用小工具（手电筒、计算器、时钟）

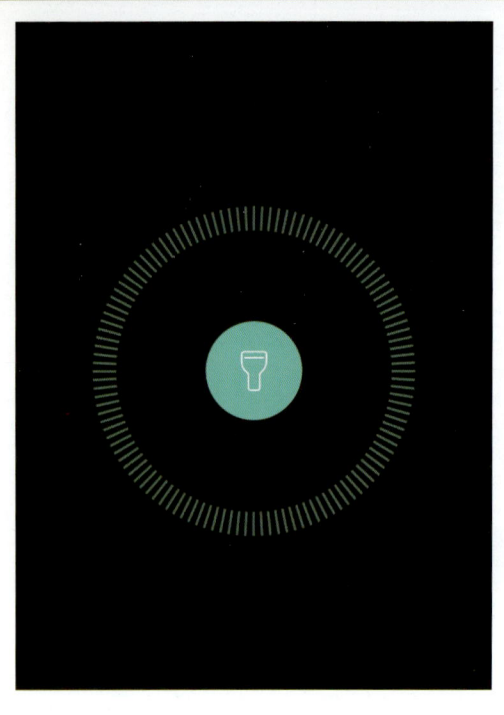
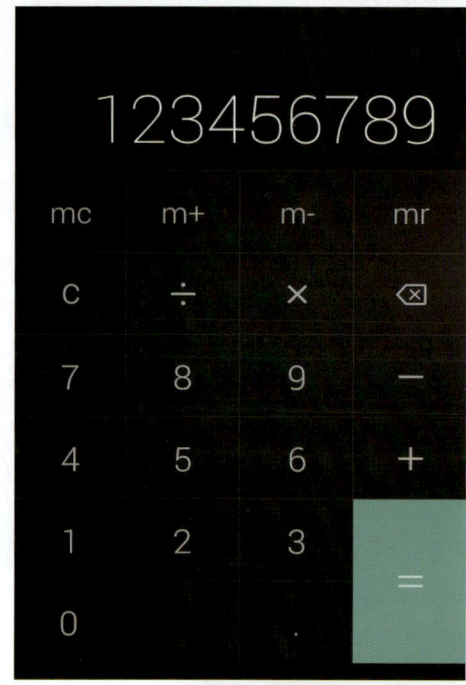

本页介绍的是手电筒、计算器、备忘录、时钟等几个实用工具。

手电筒工具点击"手电图标"  即打开手电，再次点击则关闭手电。

备忘录工具可以编辑记录文字，可以定时提醒。

时钟工具有本地时间、闹钟、秒表和计时四个功能。其中本地时钟会根据您的所在地自动显示当地时间。

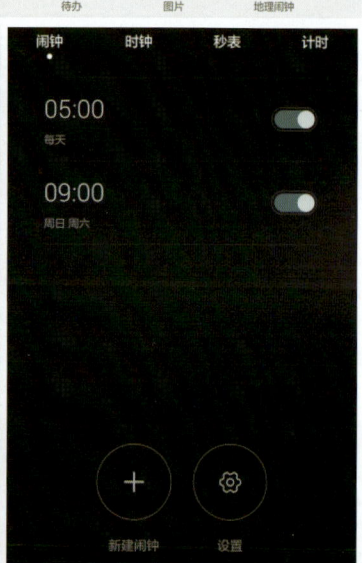

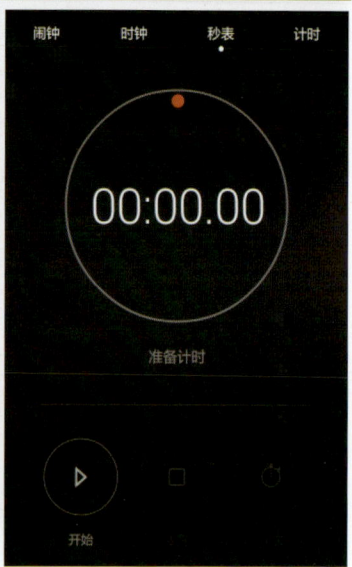

第九节　安全使用智能手机

 不填写自己的身份信息和银行账户等重要信息。

 不把自己的智能手机借予他人使用。

 不轻易相信陌生人的话，特别是涉及中奖、转账汇款等与钱有关的信息要格外留意。

在知名的APP应用市场中下载APP，不轻易扫描二维码或输入网址下载APP。

 经常清理手机内存，扫描杀毒（详见"360卫士"操作）。

 为自己的手机设置屏幕锁屏等密码，密码不宜太过简单。

安全使用智能手机

01 使用360安全卫士

02 经常查杀病毒

在360安全卫士中点击"手机杀毒"按钮即可开始查杀病毒。

03 经常扫描清理垃圾文件

在360安全卫士中点击"清理加速"按钮即可开始清理你的手机。

本章小结

  智能手机的应用远不止以上这些，掌握了智能手机的基本操作手势，了解了智能手机的安全使用，就可以放心大胆去尝试，拨打电话、收发短信、拍照摄像、连接到网络中、下载使用APP、使用一些常用工具……

  只要打开智能手机，一切尽在眼前！

第二章　聊天、分享、看信息

2

本章节学习要点

➢ 学会使用微信

➢ 学会订阅微信公众号

➢ 学会使用老小孩

# 第一节 微信介绍

熟人圈子的分享交流工具

聊天

微信是亲朋好友间的交流工具，可以实时文字、语音对话，便捷、省钱。

分享

通过朋友圈分享照片和心情；看到好友分享的内容。拉近了亲朋好友间的距离。

发红包
微信有一些好玩的小工具，如：发红包促进了亲友间友情的传递。

第二节　注册、登录微信

注册微信

第一步：点击"注册"按钮，进入注册页面。填写"昵称"、"手机号"、"密码"后，点击"注册"。

第二步：检查填写的手机号是否正确，确认后点击"确定"按钮。

第三步：填入系统发来的验证短信中的验证码，完成注册。

登录微信

两种登录方式：一是用QQ账号和密码登录（已有QQ号）；二是用注册时使用的手机号和密码登录。

老小孩小贴士

注册时使用的手机号需是从未申请注册微信的号码，如果用的手机号已经注册过微信则不能再次注册。

# 第三节　微信加好友

加好友的常用方法

第一步：在微信主界面的最下方，找到"通讯录"并点击。

第二步：在"通讯录"界面的右上角找到"＋"并点击，选择下拉框中"添加朋友"。

第三步：在搜索栏中填入你所知道的朋友的QQ号或手机号，点击搜索。在搜索出的结果中选择正确的，点击后，加其为好友。

微信加好友

老小孩小贴士

① 在手机和QQ联系人中可以找到也使用微信的朋友，并可加其为微信好友。
② 添加好友后，须经对方同意后才能聊天。
③ 建议中老年人不要轻易加陌生人为好友。

扫二维码、面对面建群

扫一扫加好友：在添加朋友页里选择"扫一扫"，二维码扫描窗口对准对方的微信二维码名片，听到"嘀"的声音，完成扫描，添加其为好友即可。

面对面建群：与身边的好友同时进入"面对面建群"，并共同输入一样的四个数字，微信则会把你们加到同一个聊天群内。

第四节　微信聊天

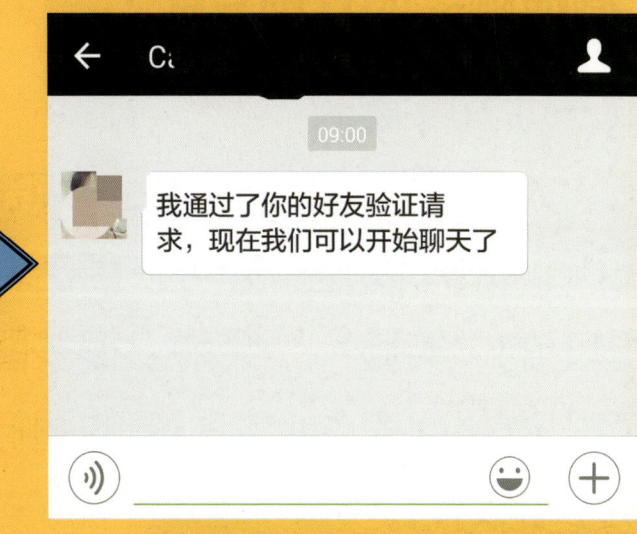

我们先熟悉下微信聊天的界面，及怎样开始聊天。

　　微信的主要功能是与你的亲朋好友聊天沟通，聊天方式包括文字、语音、视频等；也可以邀请或者参与到一群朋友中群聊。聊天时要选择聊天对象，点击一个朋友或者一个聊天群，弹出聊天界面。聊天界面的说明如左图。

记住：绿底的消息是自己发的，白底的消息是朋友发的。

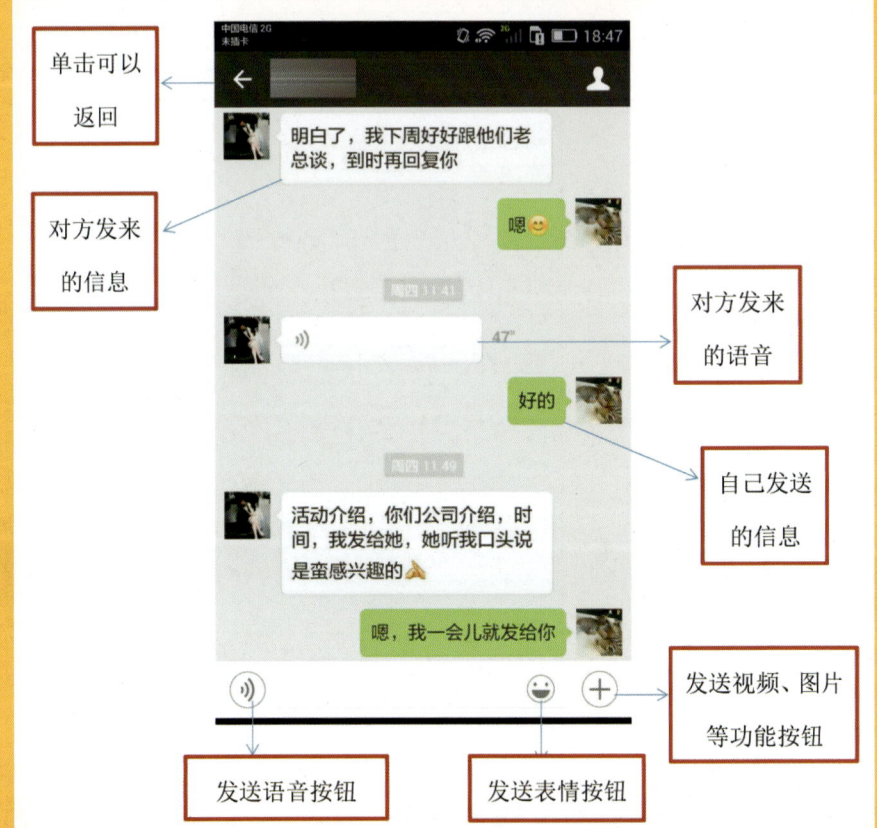

 # 微信聊天

微信聊天的几种方式：

（一）文字聊天

如下图，输入文字后，点击输入框右边的"发送"即可。点击输入框边上的"笑脸"，会弹出很多图标，可以选择代表你此刻心情的图标一同发送给对方。

老小孩小贴士

* 用微信虽然不用付话费，但是有流量产生，特别是语音或视频。建议在WiFi连接时使用视频或语言聊天。

* 在选择并点击你所想要聊天的朋友后，会出现三种聊天工具，如图：

左边是留言功能；中间是文字输入编辑框，"笑脸"是在文字输入模式下添加表情；加号是调出其他的沟通分享工具，如：发图片、小视频、视频聊天、发红包、发我的名片、我的位置等。

# 微信聊天

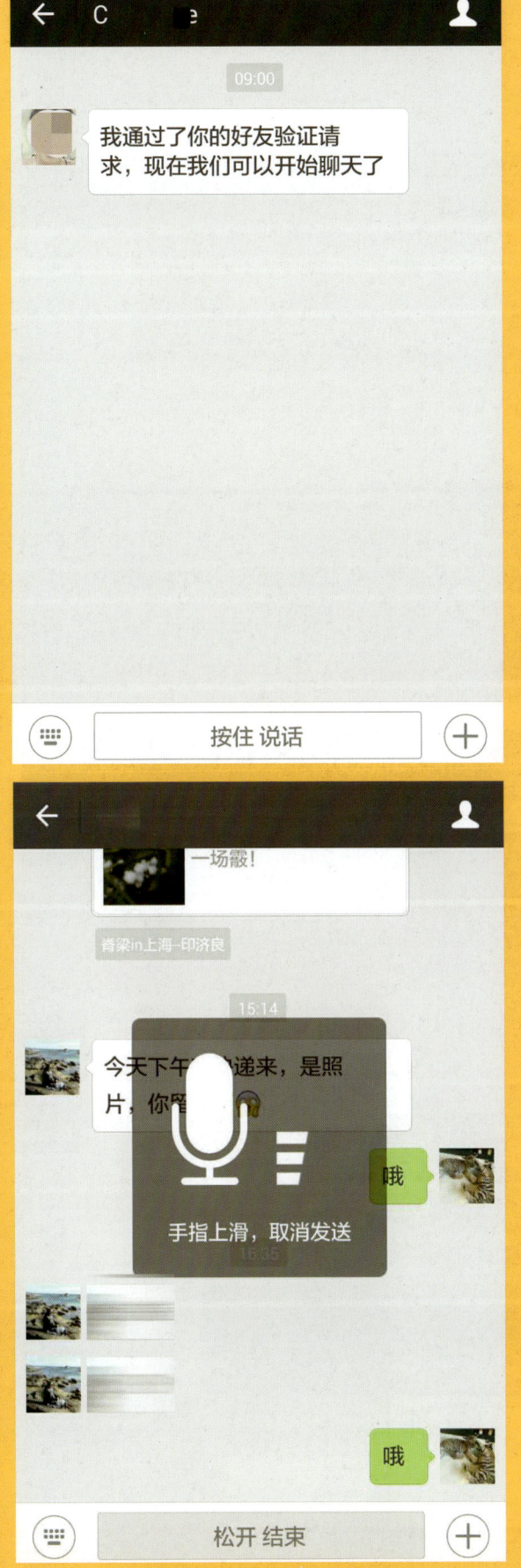

（二）视频/语音聊天

　　点击输入框右边的"＋"，选择视频聊天。弹出"视频/语音"聊天对话框，选择你想要的聊天形式（如上图）。"视频聊天"将开启手机摄像头，在对方应答后，将摄像头对准自己，即可跟对方进行视频聊天。"语音聊天"，在对方应答后，直接进入语音聊天模式。

（三）留言聊天

　　点击输入框左边的 图标，进入语音聊天界面，如左图，按住"按住说话"键不放，开始对对方说出自己要说的话，说完后松开按钮，你的留言将会被发送给对方。留言最长60秒。

 # 微信聊天

分享照片与小视频

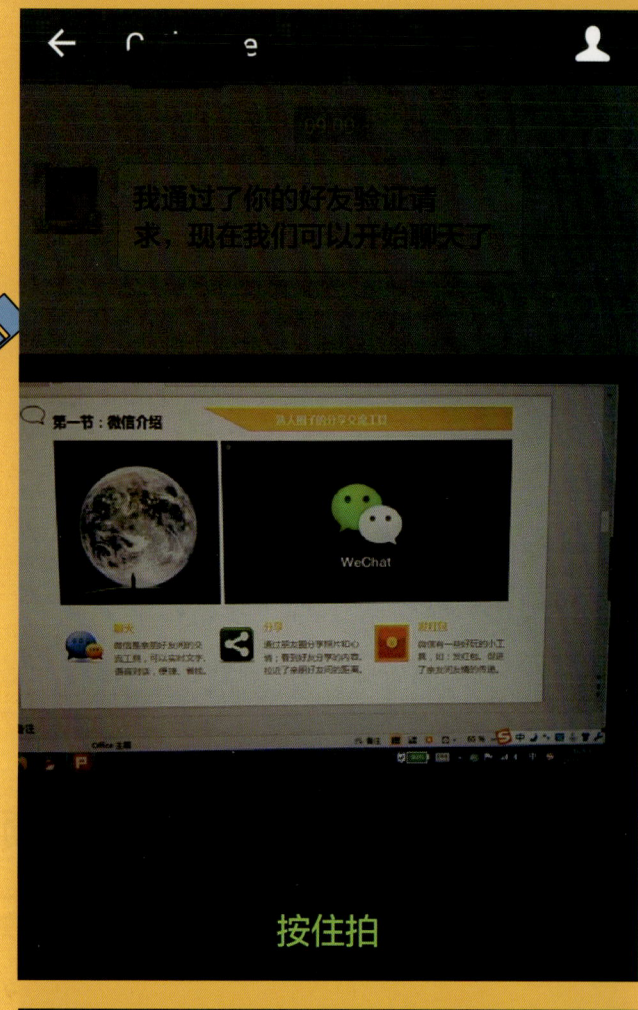

给好友发送小视频：点击"+"并选择"小视频",按住绿色"按住拍"即可发送十秒以内的小视频。

给好友发送图片：点击"+"并选择"图片",在本地的图片中选择九张以内图片,点击右上角的"发送"即可。

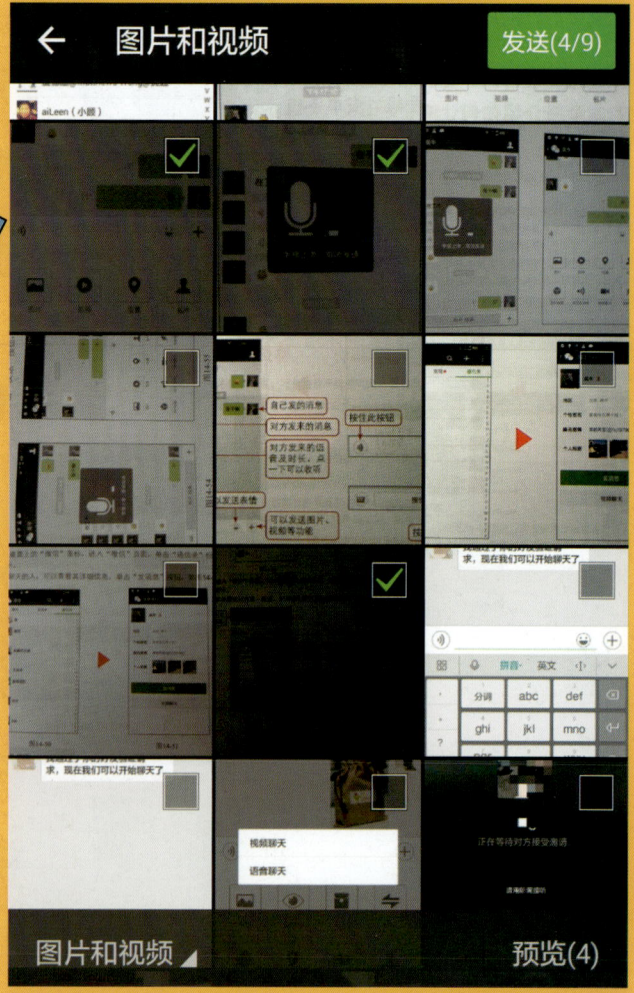

微信聊天

老小孩小技巧：

①在聊天时特别是群聊时，如果不想被提示音打扰，可以关闭提示音。如右图，点击聊天窗口的右上角的  图标。

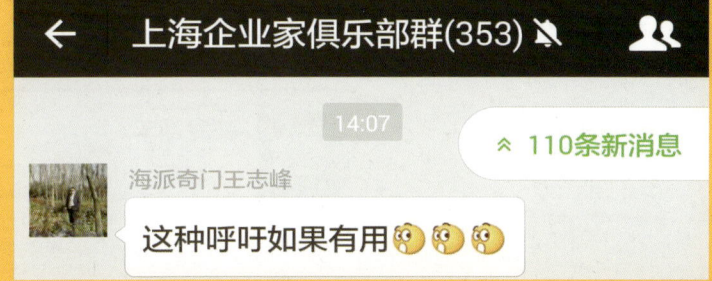

在聊天设置窗口找到"消息免打扰"，并移动按钮将其打开呈绿色。

②如果有新的聊天信息或朋友圈分享信息，都将出现小红点。因此，看到小红点就知道有新消息了。

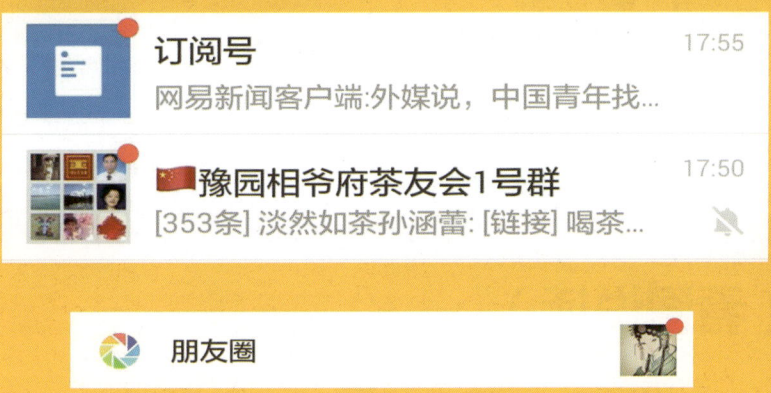

微信聊天

用微信群发短消息

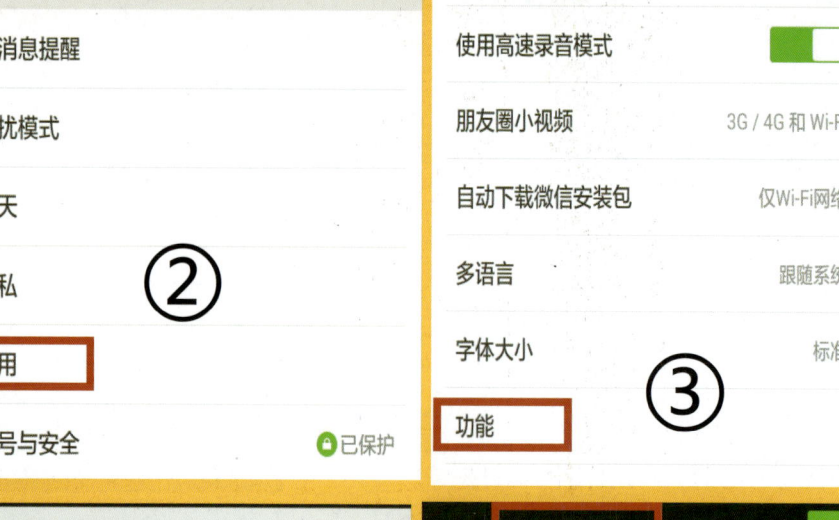

群发短消息步骤（看图说话）：

我——设置——通用——功能——群发助手——开始群发——新建群发——选择收信人（最多200人）——输入群发信息——点击"发送"

第五节　分享微信朋友圈（在朋友圈发照片和文字）

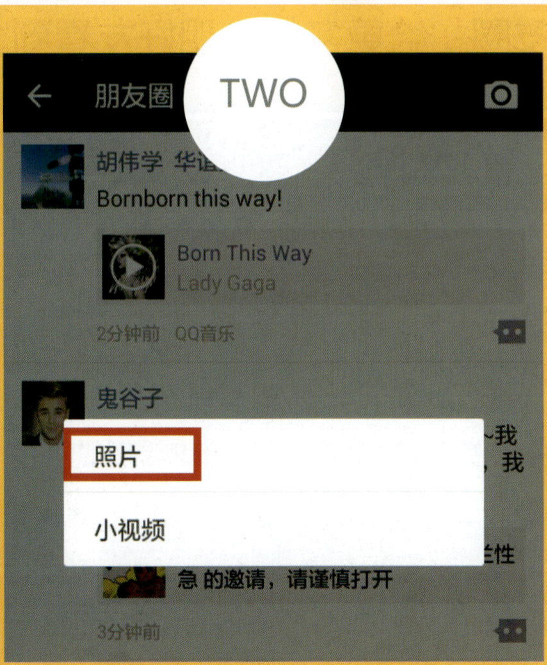

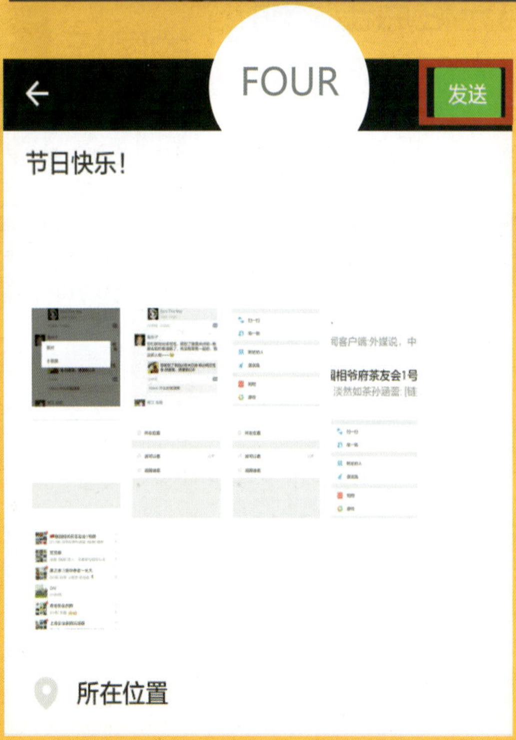

发朋友圈步骤：

① 在微信主页面的下方点击"发现"，并点击"朋有圈"。

② 点击朋友圈页面右上角图标 ，选择并点击"照片"。

③ 选择手机里的照片，最多选9张，点击右上角"完成"。

④ 在输入框中写下自己的文字（可以不写），点击右上角"发送"。

老小孩小贴士

发纯文字： ① 长按朋友圈页面右上角图标 。

② 在输入框中输入所需的文字，点击右上角"发送"。

分享微信朋友圈（查看、点赞、评论、转发）

查看：在微信主屏下方点击"发现"，在"发现"屏的第一栏点击"朋友圈"就可以阅读亲朋好友发的各类信息。

转发：看到有用的文章，可以点击右上角的图标 ，把这篇文章转发给朋友，也可转发至朋友圈，给更多的亲朋好友看到。

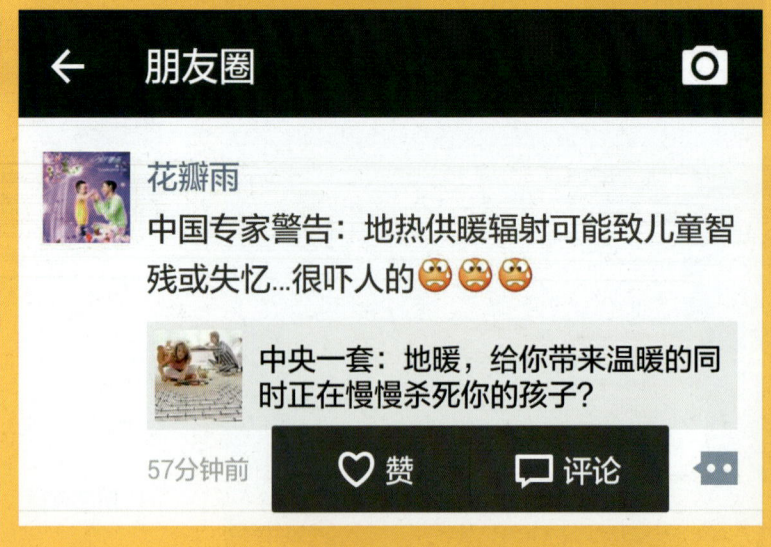

点赞：看到好内容，点击图标 选择"赞"，即给好友点赞。

评论：如果想留言则选择"评论"，在输入框里写一段留言后，点击"发送"。

第六节　微信公众号

老小孩小贴士

* 微信公众号是用于传播各种信息的，如：新闻、知识、商家信息等。

* 老小孩公众号主要分享老年人的实用信息、老年人写的文章和老年人的活动信息。

* 中老年人还可以订阅新闻类、养身类、理财类公众号，用以获得更多的信息。

添加微信公众号

①在微信主页面选择下方的"通讯录"，进入"通讯录"页，点击"公众号"。

②在公众号页面选择右上角的"+"，进入查找公众号页面，输入你所了解的公众号，点击查找，即可搜索出该微信公众号。

③点击"关注"，即关注了该微信公众号。

（也可以直接在微信主页面的右上角，选择"+"后，选择"扫一扫"，扫一下微信公众号的二维码，直接关注该微信公众号）

第七节　认识老小孩APP

老小孩APP不仅是聊天，更是交友、展示、分享、互助的家园

老小孩APP概述

* **APP与老小孩网络同步**

　　在网上写博文的同时可以用老小孩APP分享。

* **老小孩六合院**

　　用签到、互助、任务领取等功能构建有温度的网络社区。

* **老小孩旅游功能**

　　从此不再为听不清导游讲解、害怕掉队而担心，安心、愉快地跟大家一起玩。

老小孩网络社区

　　老小孩（www.oldkids.cn）是一群有活力的年轻人为一群有活力的老年人创建的一个以"**玩**"为特色的网络社区。

第八节　老小孩APP基本操作

注册与登录

注册与登录：如果已有老小孩网络社区账号则无需注册，用老小孩社区账号、密码直接登录即可。如没有注册过，则只需填写账号名及密码，很简单就可注册成功。

好友：如果已经是老小孩网络社区的用户，在网上的好友将自动成为APP好友。添加好友的方法类似于微信的。

 # 老小孩APP基本操作

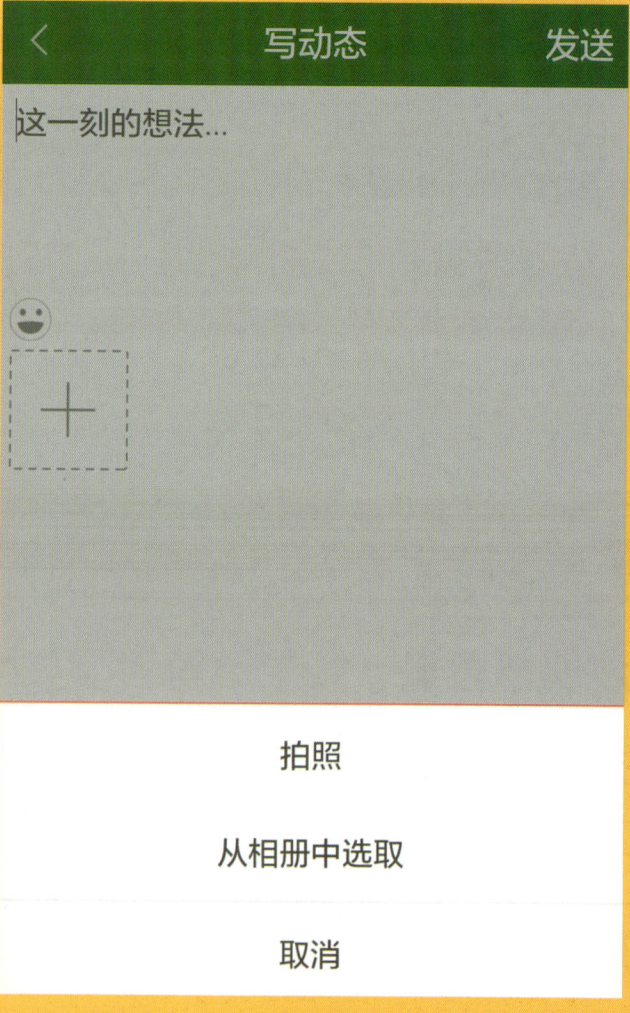

聊天：功能类似于微信，可以用文字或语音进行聊天，也可以发送照片和视频给好友。

分享：点击动态圈右上角的 图标，可以分享文字和照片。（老小孩社区微博与APP动态同步）

第九节　老小孩APP的特色功能

* **老小孩六合院**：六个住得近并且有共同语言的老人抱团互助，通过签到、聊天、求助等功能相互帮助相互关爱，相约共同参加学习和活动，构建新型睦邻关系。

* **老小孩旅游**：参加老小孩旅游的老年人能使用APP中的旅游功能，包括：一键求助、离队警报、定位、听导游讲解、分享照片等功能，让旅途更加安心、快乐、有意义。

老小孩小贴士：如果你是中国电信的用户，那么只要加装一个5元/月的老小孩流量套餐包，用老小孩APP是免流量费的，不用再担心发照片、发视频费流量了！

本章小结

本章主要介绍了两款APP：微信和老小孩。这两款APP的功能是建立自己的朋友圈。微信更偏向于亲友圈，老小孩更偏向于老年人的交友互助，各有特色。

期待老年人学会这两款APP后能丰富自己的生活，而且触类旁通更好地使用智能手机。

第三章　常用APP简介

3

本章节学习要点

- ➢ 如何听音乐、听广播、看视频
- ➢ 如何美化照片
- ➢ 如何购物、找餐厅
- ➢ 如何使用导航
- ➢ 如何用手机K歌

第一节　APP使用的六大原则

 **管理原则**：APP"少而精"、"不用即删"、定期清理。

 **安全原则**：定期更新病毒库，联网杀毒；不下载来源不明的APP。

 **免费原则**：尽量使用免费APP，谨慎处理APP使用过程中的收费现象。

 **设置原则**：在APP中注意隐私设置和流量设置。

 **下载原则**：在常用的应用市场下载同类中人气高的免费APP。

 **安装原则**：阅读APP授权及协议条款，谨慎安装读取身份信息的APP。

 # 第二节　天猫（网络购物）

 网上购物

①打开"天猫"APP。首页上方有搜索栏，输入你想要购买的物品名称。
②或者进入"聚划算"挑选优惠促销的产品。
③选中某个产品后进入其介绍页面，仔细查看产品的规格、品质，特别是大家购买此商品后的评价。

天猫（网络购物）

老小孩小贴士

* 网上购物的APP有很多，知名的有：淘宝、京东、亚马逊、当当、苏宁易购等。
* 每逢过节网上都会有促销，特别是"11月11日"的双十一购物节。
* 老年人网上购物要理性消费哦！

网上购物

④点击"购买"或"马上抢"进入购买流程。首先需要登录天猫，如果没有淘宝账号还需注册。

⑤填写好配送地址和联系方式，并再次确认该订单中的所有信息是正确有效的，然后点击"提交订单"。

⑥进入付款页面，用已经捆绑好的银行卡或者支付宝余额等进行支付。支付成功后就等着商品被送上门吧。

第三节　大众点评（吃喝玩乐）

1. 查找：

在"大众点评"主页中根据需要选择"美食"、"电影"、"休闲娱乐"等图标。进入该类商户的推荐页。在页面上方点击"附近",选择离自己所在地的距离，点击"智能排序"可以选择按"口味"、"服务"等关键词评分从高至低的排序。根据这些推荐，选择你心仪的商家。

大众点评（吃喝玩乐）

老小孩小贴士

　　大众点评提供了本地吃喝玩乐的商家信息、消费优惠及消费者的点评。老年人可以根据这些信息找到自己喜欢的商家。

　　类似的APP还有美团、饿了么等。

2. 选择：

　　在商家信息页中可以看到商家的地址、联系方式、各种优惠以及网友点评。网友点评一定要点进去看大家的评论，从而可以全方位了解商家。选择商家后，你就可以开开心心吃喝玩乐啦。消费后记得点评哦！

第四节　高德地图（出行导航）

1. 查找：

在设置中打开"GPS"定位功能，然后打开高德地图APP。在首页的最上方有"查找地点、公交、地铁"的查询框，输入你的目的地，点击"搜索"。

高德地图将把所有相关的地址信息罗列出来，选择你要去的地方后，点击"去这里"按钮。

高德地图（出行导航）

2. 选择：

在路线信息页的最上方择代表"开车"/"公交"/"步行"的图标，根据你的选择，下方会出现若干条建议的线路。选择你觉得最佳的线路后，点击"导航"就可以跟着地图去你的目的地了。

老小孩小贴士

记得使用好导航后退出高德地图、关闭GPS定位功能，因为开着它们很费电。

类似的地图导航APP还有百度地图等。在国外最好用的导航就是"google地图"了。

第五节　美图秀秀（照片处理）

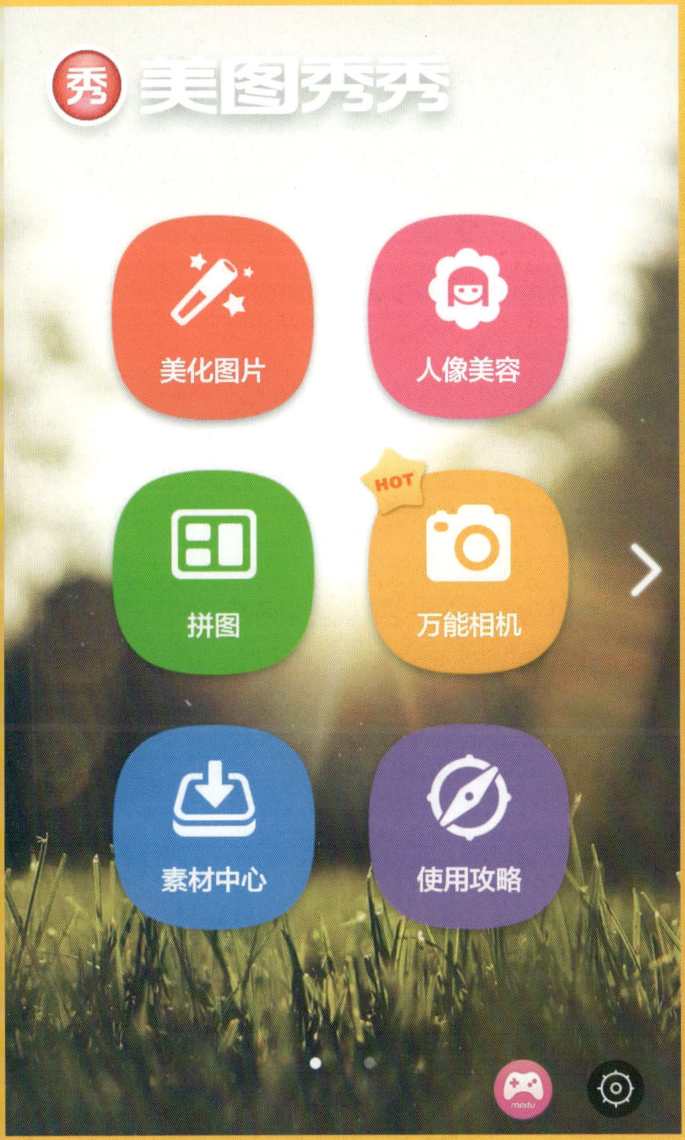

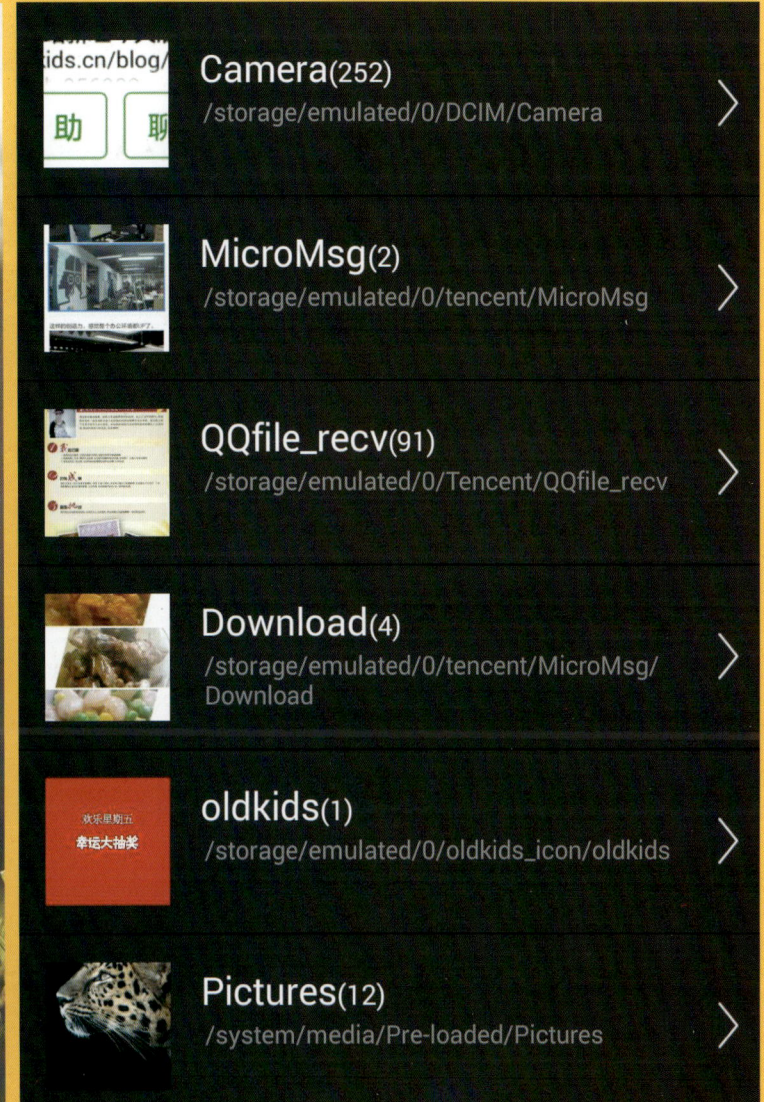

1. 选择图片：

打开美图秀秀，点击美化图片。在选择栏中选择图片的存储位置，一般图片都在"照相机（Camera）"中。在照片文件夹里选择所需要处理的照片。接下来就可非常简单地处理照片了。

美图秀秀（照片处理）

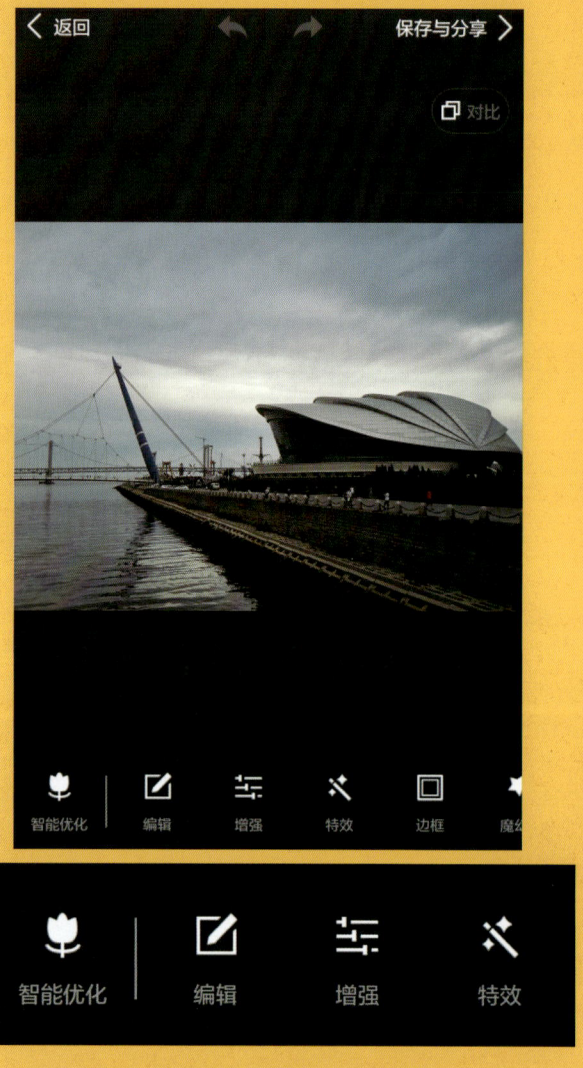

2. 美化图片：

在图片最下方有一排美化图片的按钮。常用的有："智能美化"可以自动美化你的图片。"编辑"可以裁剪、旋转、锐化图片。"增强"可以对图片调整对比度、亮度等。调整好后请记得选择"√"确认一下，并点击右上角的"保存与分享"。

老小孩小贴士

美图秀秀有很多美化图片的功能，包括给图片加上相框，对图片进行怀旧、复古等特效处理，还能把照片做成海报，拼接图片等。慢慢摸索，你会掌握这些好用的功能的。

第六节　爱奇艺（看视频）

打开"爱奇艺"APP，选择想看的视频分类（电视剧、电影、综艺等）或者在最上方的搜索栏里输入你想看的视频名字，点击搜索。找到自己想看的视频后，点击它，视频就会开始播放了。

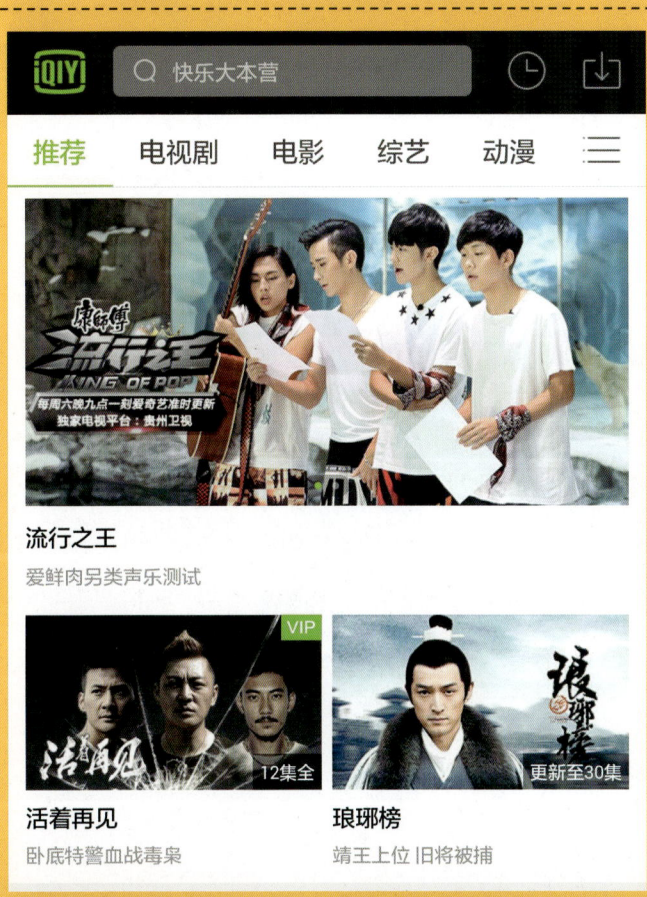

老小孩小贴士

有很多APP都可以观看视频，如：优酷、土豆等。一般视频APP中最新的热门视频是需要成为会员付费观看的。

第七节　喜马拉雅（听音频）

"喜马拉雅"APP拥有最大的声音宝库，海量内容包括有声小说、相声段子、新闻、历史人文等20多个分类，上千万个音频文件。

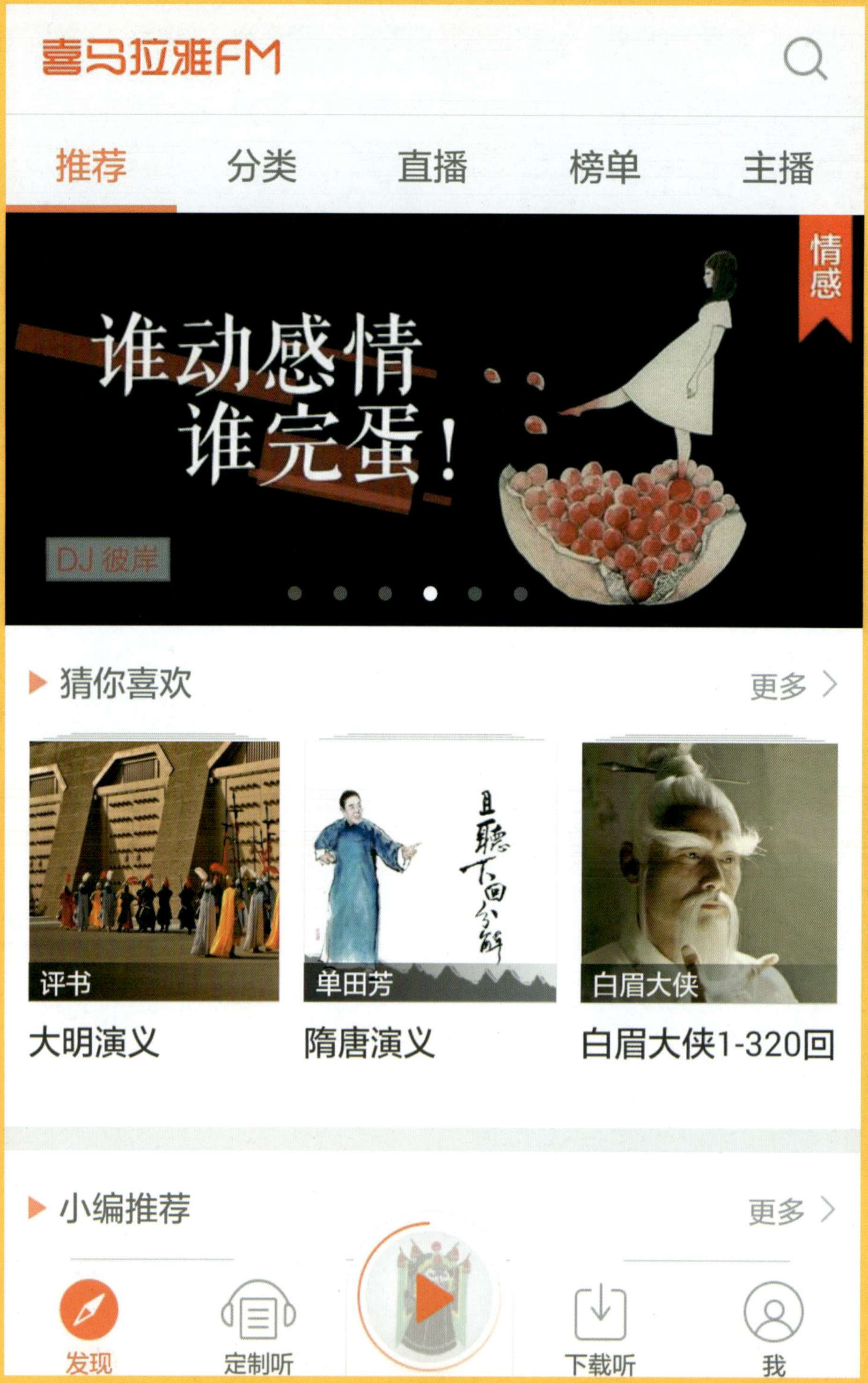

喜马拉雅（听音频）

1. **打开**："喜马拉雅"APP，选择想要收听的音频。

2. **选择**：点击"分类"按钮，在二十多个分类中选择音频的大类，进而选择你想听的音频。也可以在搜索框内输入你想听的音频名，点击搜索后，选择音频。

3. **听电台**：在主页点击"直播"按钮，会出现电台页面，选择"本地台"、"国家台"、"地方台"、"网络台"后，选择你要听的电台后，就可以收听广播了。

第八节　全民K歌（录制歌曲）

　　"全民K歌"是一款录制分享自己唱的卡拉OK的APP。

　　打开"全民K歌"后，点击最下面一行中间的图标 ，出现点歌页面。选择"分类"、"歌手"、"新歌"等按钮，可以从不同的分类中选择歌曲。也可以在最上方的搜索框中输入你想要唱的歌名，点击搜索。

全民K歌（录制歌曲）

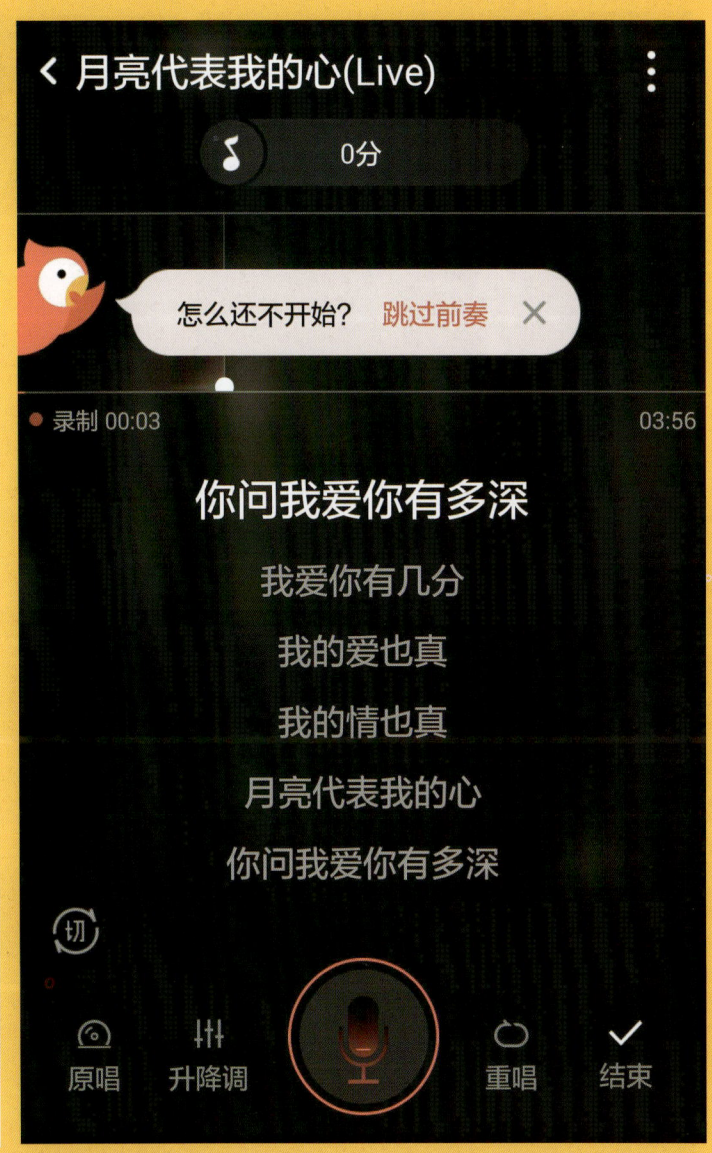

　　如搜索的歌名为"月亮代表我的心"，搜索出的结果有很多，选择你喜欢的版本，点击歌名后的"K歌"按钮，就进入了K歌录制。跟着音乐，看着歌词，对着话筒深情演唱，唱完后，可以选择演唱效果，如果满意自己的演唱则点击发布。如果不满意可以重新录制。

第九节　智慧家庭用药

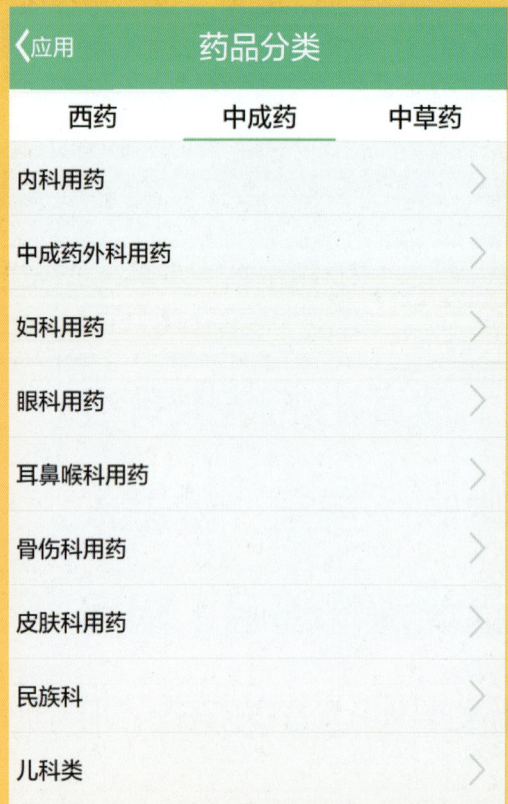

"智慧家庭用药"是一款帮助老年人了解常用药的适应症、用法用量以及具备服药提醒、就医常识、查找附近医院和药店等功能的APP。如果服药时忘了服药的用量，就可以用这款APP查找并阅读该药的说明。在APP中设置服药提醒，到了时间APP会用铃声提醒。这款APP里还有很多跟用药、就医相关的文章，可以根据需要选择阅读。

本章小结

本章主要介绍了八款常用的APP，涵盖了购物、生活、娱乐、出行、健康等方面。由于APP在不断更新中，界面会随着更新而不同。学会了基本操作，老年朋友们要大胆尝试，熟能生巧，举一反三。我们期待老年朋友们掌握这些APP的使用，让自己的生活变得更加便捷和快乐。

附录

附录

- 常用图标
- APP推荐
- 手机与电脑相连
- 关于"新扶老上网"计划
- 关于上海科技助老服务中心

常用图标

按键		功能
	电源开/关/锁定键	开机（按住）；进入快速功能表（按住）；锁定触摸屏。
	选项键	打开当前屏幕上的可用选项列表；打开快速搜索栏（按住）。
	主屏幕键	返回到待机屏幕；打开最近使用的应用程序列表（按住）。
	返回键	返回到上一屏幕。
	音量键	调整手机的音量。

图标	定义
	未接来电
	已与 Web 同步
	正在上传数据
	正在下载数据
	已启动呼叫转移
	已连接到电脑
	已启动 USB 网络分享
	已启动 WLAN 热点
	无 SIM 卡或 USIM 卡
	新短信或彩信

APP推荐

在这里再为大家推荐几款APP

01　滴滴出行

这是一款打车、拼车APP。用该APP打车更方便，写下要去的地址并发送后，最近的出租车会来接你，还有优惠哦。

02　阿基米德

这是一款收听广播的APP，可以收听到各个电台的直播，可以回放广播节目，还能与主持人交流互动。

03　新浪微博

这是一款写微博的APP。除了自己写以外，还能关注到很多公众人物的微博，与他们交流互动。

04　网易新闻

这是一款看新闻的APP。最新最全的新闻报道、深度报道都可以在这里获得。

05　QQ音乐

这是一款听音乐的APP，最全的曲库，最好的音质，还能根据你哼唱几句找到你忘了歌名的歌曲，功能很强大。

APP推荐

06 饿了么

这是一款叫外卖的APP。在家里不想烧菜，就用这款APP叫几个你喜欢的菜，半小时左右就送上门来，十分方便。

07 邮箱大师

这是一款收发邮件的APP。第一次设置好邮箱后，今后就能非常方便在手机上收看、回复邮件了。

08 去哪儿

这是一款订机票、订宾馆的APP。它会帮您比较众多的代理商，找到最便宜的机票和宾馆。

09 初页

这是一款制作H5动画的APP。挑选你喜欢的照片，写上几句有文艺范的文字，配上一段音乐，就可以生成图文并茂富有意境的动画。

电脑与手机相连

开启USB调试模式

安卓系统的手机须在"设置"中单击"系统"下的"开发人员选项",选中"USB调试"使其开启。随着手机的更新,手机连上电脑后,手机上会自动弹出"USB调试"选项,开启变得更加便捷。

安装软件

iPhone连电脑,需安装iTunes;安卓手机连电脑,选装360手机助手等软件。

传送文件

手机连上电脑后,可以把手机和电脑中的文件相互传送。电脑传至手机为下载,手机传到电脑为上传。iPhone与电脑间传送被称为"同步"。

使用连接线

不同的手机连接电脑的线并不一样,选择合适的连接线,把电脑与手机相连。

断开连接

文件传送后,记得断开连接,拔掉连接线。

"新扶老上网"计划

"新扶老上网"计划是由上海科技助老服务中心（老小孩网络社区）发起的。十五年前，老小孩网站发起了"扶老上网"，帮助了上海十余万老年人学会电脑，创新了"以操作为主线"的老年人学习电脑方式。十五年后，老小孩网络社区提出了"新扶老上网"计划。用最少的资源，最灵活的互助学习方式和最温暖的志愿者结对帮扶，让每一位老人都能有学习应用智能手机的机会，并且学以致用，组建互助六合院，融入老小孩大家庭，共享快乐的夕阳生活。

学习锦囊

一本学习手册、一张学习光盘。

六人互助学习小组

建立六人学习小组（六合院），根据教程互助学习。

志愿者帮扶

每个六人学习小组由一名志愿者结对辅导，答疑解惑。

新扶老上网计划

建立老年人之间有温度的、互助的、可信赖的新型社群关系

如您愿意参加"新扶老上网"计划，请致电：400-016-0966

上海科技助老服务中心（公益性组织）

上海科技助老服务中心是上海市民政局主管的民办非企业单位，致力于"消除数字鸿沟，扶助老人上网"的事业。旗下的**老小孩网络社区**以"筑巢、织网、互助"为理念，为老年人建设了一个有温度有梦想的网络家园。

老小孩聚乐部、文化传播委和科技助老志愿者总队是中心下属的三支老年人自治组织，通过网上网下的互动聚集起了老年人的乐趣，实现了老年人的价值。

中心策划组织的公益项目屡获国家级和市级殊荣。

中心秉持**"创新为老服务"**理念，努力推动老龄事业的发展。

上海科技助老服务中心
网址：www.oldkids.cn

扫一扫关注
老小孩微信公众号

扫一扫下载
老小孩APP